DILIP KUMAR
Dr. R.K. Bhattacharjya

MODELAGEM DE ESCOAMENTO PLUVIOMÉTRICO DISTRIBUÍDO USANDO WMS E HEC-HMS

DILIP KUMAR
Dr. R.K. Bhattacharjya

MODELAGEM DE ESCOAMENTO PLUVIOMÉTRICO DISTRIBUÍDO USANDO WMS E HEC-HMS

MODELAÇÃO DO ESCOAMENTO PLUVIOMÉTRICO

ScienciaScripts

Imprint

Any brand names and product names mentioned in this book are subject to trademark, brand or patent protection and are trademarks or registered trademarks of their respective holders. The use of brand names, product names, common names, trade names, product descriptions etc. even without a particular marking in this work is in no way to be construed to mean that such names may be regarded as unrestricted in respect of trademark and brand protection legislation and could thus be used by anyone.

Cover image: www.ingimage.com

This book is a translation from the original published under ISBN 978-3-8383-4172-9.

Publisher:
Sciencia Scripts
is a trademark of
Dodo Books Indian Ocean Ltd., member of the OmniScriptum S.R.L Publishing group
str. A.Russo 15, of. 61, Chisinau-2068, Republic of Moldova Europe
Printed at: see last page
ISBN: 978-620-2-70733-6

Copyright © DILIP KUMAR, Dr. R.K. Bhattacharjya
Copyright © 2021 Dodo Books Indian Ocean Ltd., member of the OmniScriptum S.R.L Publishing group

Dedicated

To

My Father Shri Krishna Chandra Jha

&

My Mother Smt. Bina Jha

CONTEÚDO

<u>LISTA DE TABELAS</u>

Table1 Land use/land covers in the study area and their CN values
Tabela 2 Entradas do modelo HEC-HMS preparado por técnicas de detecção remota e GIS

Tabela 3 Valores calibrados dos parâmetros do modelo (valor optimizado de diferentes parâmetros) -
Abordagem de modelação por blocos
Tabela 4 Valores calibrados dos parâmetros do modelo (valor optimizado dos diferentes parâmetros) - Abordagem de Modelação Distribuída.
Quadro 5 Estatísticas de desempenho do modelo durante os períodos de calibração e validação

LISTA DE NÚMEROS

Apêndices A, B, C
Abstrato

O modelo de escoamento pluviométrico é um dos eventos mais frequentemente utilizados na hidrologia. Determina o sinal de escoamento que deixa a bacia a partir do sinal de precipitação recebido pela bacia. Diversos métodos foram desenvolvidos por diferentes investigadores para simular o processo de escoamento pluviométrico. No entanto, a maioria dos métodos são de natureza nula. Na abordagem por grumos, a precipitação média e as características uniformes da bacia são consideradas no desenvolvimento do modelo. Se as variações espaciais da precipitação e das características da bacia hidrográfica forem significativas, a abordagem por grumos não dará resultados precisos. O presente estudo desenvolve uma abordagem distribuída para simular o processo de escoamento pluviométrico de uma bacia de captação. A bacia hidrográfica foi dividida em números de divisões iguais aos números da estação pluviométrica. A precipitação num determinado pluviómetro é considerada como uniformemente distribuída por todas as sub-bacias de captação. As características da bacia hidrográfica distribuídas espacialmente foram obtidas a partir dos dados de elevação digital SRTM de 90 m de resolução. Foi também desenvolvido um modelo de grumo utilizando a pluviosidade média da bacia hidrográfica. No caso do modelo de grumos, a precipitação média é calculada usando o método do polígono de thessian. A fim de estimar o escoamento pluviométrico, é necessário calcular a taxa de perdas ou parâmetros de infiltração para a bacia, o que constitui um input básico para a modelação posterior do escoamento pluviométrico. A capacidade de infiltração da bacia depende do uso do solo e da propriedade do solo. As equações de Horton e Green-Ampt são equações mais comummente utilizadas para estimar a infiltração de uma bacia. O método do Número de Curvas (CN) é também um método amplamente utilizado para estimar as características de infiltração da bacia, com base na propriedade de uso do solo e na propriedade do solo. Portanto, a estimativa dos parâmetros de infiltração ou do número de curvas da bacia é feita inicialmente. Um modelo inverso é formulado e resolvido para estimar os números das curvas para os modelos de nódulos e de distribuição.

Introdução

O Modelo Hidrológico é uma representação simplificada do sistema natural. Podemos dizer que "Um modelo é uma colecção de símbolos, que representa o sistema de uma forma concisa que funciona como uma representação do sistema natural ou algum aspecto do mesmo". O modelo de escoamento pluviométrico é um dos eventos mais frequentemente utilizados na hidrologia. Determina o sinal de escoamento que deixa a bacia a partir do sinal de precipitação recebido pela bacia. Diversos métodos foram desenvolvidos por diferentes investigadores para simular o processo de escoamento pluviométrico. Embora estejam disponíveis vários modelos de escoamento pluviométrico, a selecção de um modelo adequado de escoamento pluviométrico para uma determinada bacia hidrográfica é essencial para assegurar um planeamento e gestão eficientes das bacias hidrográficas. A fim de estimar o escoamento pluviométrico, é necessário calcular a taxa de perdas ou parâmetros de infiltração para a bacia. A capacidade de infiltração da bacia depende da utilização do solo e da propriedade do solo. As equações de Horton e Green-Ampt são equações mais comummente utilizadas para estimar a infiltração de uma bacia. O método do Número de Curvas (CN) é também um método amplamente utilizado para estimar as características de infiltração da bacia, com base na propriedade de uso do solo e na propriedade do solo. Cowan (1975) declarou que o método SCS CN é confortavelmente utilizado para estimar o escoamento superficial numa bacia onde os solos, vegetação e outras características que afectam o escoamento superficial não foram avaliadas experimentalmente. É necessária uma estimativa adequada dos parâmetros CN ou de infiltração para estimar o escoamento superficial a partir dos dados de pluviosidade. Por conseguinte, um dos objectivos do estudo é a estimativa dos parâmetros de infiltração ou do número de curvas da bacia. Um modelo inverso é formulado utilizando WMS (sistema de modelização da bacia hidrográfica) e HEC-HMS para obter os parâmetros de infiltração ou

número da curva a partir dos dados históricos de pluviosidade e escoamento. A optimização de parâmetros diferentes é também feita para descobrir o melhor valor que mostra uma variação mínima entre o escoamento observado e o escoamento simulado na saída. Neste estudo, a modelização do escoamento pluviométrico foi realizada utilizando técnicas HECHMS e GIS (sistema de informação geográfica) na bacia do rio Ranganadi no Nordeste da Índia, utilizando dados diários de Precipitação e os dados correspondentes de caudal de 3 anos

(2006-2008),mostrados no Apêndice-A. Neste documento, tentamos definir este processo de modelização do escoamento pluviométrico a partir de técnicas de modelização baseadas no conhecimento. Esta forma de modelização do escoamento pluviométrico baseia-se, portanto, em descrições detalhadas do sistema e dos processos envolvidos na produção do escoamento pluviométrico. Os melhores exemplos de modelização orientada pelo conhecimento são as chamadas abordagens de modelos fisicamente baseados. Esta abordagem utiliza geralmente um quadro matemático baseado em equações de massa, dinâmica e conservação de energia numa esfera modelo distribuída espacialmente, e valores de parâmetros que estão directamente relacionados com as características das bacias hidrográficas. Estes modelos requerem a introdução de condições iniciais e limites, uma vez que os processos de fluxo são descritos por equações diferenciais (Rientjes, 2004). Com base em abordagens de modelos de base física, foram desenvolvidos dois modelos diferentes. O primeiro modelo considera a variação espacial da precipitação na bacia hidrográfica, que é uma abordagem distribuída. O segundo modelo considera a precipitação média da bacia de captação para desenvolver o modelo de escoamento pluviométrico. A precipitação média é calculada utilizando o método do polígono de Thessian. Para o modelo distribuído, a bacia hidrográfica foi dividida pelo número de sub-bacias, que é igual ao número de estações pluviométricas. O número da curva ou os parâmetros de infiltração para todas as sub-bacias hidrográficas são calculados utilizando as técnicas de modelização inversa. Se um modelo é agrupado ou distribuído depende se o domínio (bacia hidrográfica) é subdividido ou não, ou seja, esta abordagem é relativa ao domínio. Para que o domínio da bacia hidrográfica seja distribuído, o modelo deve subdividir a bacia hidrográfica em

elementos computacionais mais pequenos chamados como sub-bacias hidrográficas. Este processo dá frequentemente origem a modelos de sub-bacias hidrográficas agrupadas. Assim, podemos dizer que os modelos de parâmetros

Lumped tomam todos os dados para uma sub-bacia e combinam-nos num único número, ou conjunto de números, que definem a resposta da bacia a um evento de tempestade. O bombeamento mesmo ao nível da sub-bacia não seria capaz de explicar a alteração da inclinação e da rede de drenagem que afecta a resposta hidrológica da bacia. A simulação da relação chuva-fluxo, tomando a bacia como um todo, é uma abordagem por blocos, em que a estimativa do escoamento superficial em cada saída da sub-bacia e depois o encaminhamento de cada saída para a saída principal dá um exemplo de abordagem distribuída. O presente estudo avalia a eficiência de ambas as abordagens. Tal como discutido, os parâmetros de infiltração desempenham um papel importante na modelização do escoamento pluvial. Estes parâmetros mostram indirectamente a propriedade de uso do solo e a variação do solo da bacia hidrográfica. As equações de Horton e Green-Ampt são equações mais comummente utilizadas para estimar a infiltração de uma bacia. O método do número de curvas (CN) é também um método amplamente utilizado para estimar as características de infiltração da bacia hidrográfica, que se baseia na propriedade de uso do solo e na propriedade de uso do solo. Dos vários métodos de estimativa da infiltração dc uma bacia hidrográfica, o método do número da curva dos serviços de conservação do solo (SCS-CN) (renomeado como número da curva dos serviços de conservação dos recursos naturais (NRCS-CN), USDA 1994), juntamente com os seus derivados, tem sido amplamente aplicado aos sistemas de bacias hidrográficas não irrigadas e provou ser um estimador rápido e preciso do escoamento superficial (Mishra et al., 2003). No presente estudo também não estão disponíveis os conhecimentos sobre o uso da terra e propriedade do solo da bacia hidrográfica de Ranganadi, pelo que não se conhece a CN das diferentes sub-bacias. Como o método SCS CN é confortavelmente utilizado para a estimativa do escoamento superficial numa bacia onde os solos, vegetação e outras características que afectam o escoamento superficial não foram avaliados experimentalmente, o método é utilizado neste estudo. Um modelo inverso é formulado e resolve-se para obter o valor CN apropriado das diferentes sub-bacias hidrográficas da bacia hidrográfica de Ranganadi. HEC-HMS

em conjunto com o modelo WMS, é utilizado neste estudo. A bacia hidrográfica de Ranganadi foi escolhida como área de estudo neste estudo porque nenhum estudo científico nesta bacia hidrográfica é relatado até à data. O presente estudo é o primeiro do seu género na bacia hidrográfica de Ranganadi. Os modelos hidrológicos HEC-HMS e WMS, utilizados no estudo, são fisicamente baseados. O modelo HEC-HMS é concebido para simular processos de escoamento pluvial de sistemas de bacias hidrográficas em rede que incluem sub-bacias, alcances, junções, reservatórios, desvios, fontes e sumidouros. No presente estudo, são utilizadas duas abordagens de modelização, nomeadamente distribuídas e agrupadas. O primeiro modelo considera a variação espacial da precipitação na bacia hidrográfica, que é uma abordagem distribuída. O segundo modelo considera a precipitação média da bacia de captação para desenvolver o modelo de escoamento pluviométrico. A precipitação média é calculada utilizando o método do polígono de Thessian. Para o modelo distribuído, a bacia hidrográfica foi dividida pelo número de sub-bacias, que é igual ao número de estações pluviométricas. O número da curva ou os parâmetros de infiltração para todas as sub-bacias são calculados utilizando a técnica de modelação inversa.

O modelo de escoamento pluviométrico é um dos eventos mais frequentemente utilizados na hidrologia. Determina o sinal de escoamento que deixa a bacia a partir do sinal de precipitação recebido pela bacia. Diversos métodos foram desenvolvidos por diferentes investigadores para simular o processo de escoamento pluviométrico. A fim de estimar o escoamento pluviométrico, é necessário calcular a taxa de perdas ou parâmetros de infiltração para a bacia. A capacidade de infiltração da bacia depende do uso do solo e da propriedade do solo. As equações de Horton e Green-Ampt são equações mais comummente utilizadas para estimar a infiltração de uma bacia. O método do Número de Curvas (CN) é também um método amplamente utilizado para estimar as características de infiltração da bacia, com base na propriedade de uso do solo e na propriedade do solo. É necessária uma estimativa adequada dos parâmetros de CN ou de infiltração para estimar o escoamento superficial a partir dos dados de pluviosidade. Uma breve descrição sobre estes dois modelos é apresentada abaixo.

1.2 O Processo de Perda por Escoamento de Chuva

Quando chove, toda a precipitação que chega não contribui para o escoamento superficial. Uma parte da precipitação de entrada perde-se em processos como a aderência da água na folha, o armazenamento da água em depressões naturais da terra, e o movimento da água para o perfil do solo. Estes processos de perda de precipitação são explicados abaixo.

1.2.1 Intercepção

A intercepção é definida como "a parte da precipitação que humedece os diferentes elementos da superfície (principalmente a vegetação) e é temporariamente armazenada neles". A quantidade de abstracção contribuiu para a perda da intercepção depende da cobertura vegetal, da intensidade da precipitação e da duração da tempestade. As perdas de intercepção são geralmente maiores quando o evento da tempestade tem uma intensidade de precipitação baixa a moderada e uma longa duração da precipitação, em comparação com os eventos de tempestade que têm alta intensidade de precipitação e são de curta duração (Brutsaert, 2005).

1.2.2 Armazenamento de Depressão

Parte da precipitação que atinge o solo é armazenada em depressões naturais, tais como uma poça ou charco do qual a água se infiltra ou evapora. O armazenamento nestas depressões é chamado armazenamento de depressão. Para efeitos de modelagem, o armazenamento da depressão juntamente com a intercepção são por vezes referidos como a captação inicial $(_{la})$.

1.2.3 Infiltração

Infiltração é a entrada vertical da água na superfície do solo e o seu subsequente movimento vertical através do perfil do solo (Brutsaert, 2005). É o processo de perda mais importante. Os principais factores que influenciam as taxas de infiltração são a textura do solo, a cobertura vegetal, a condição da superfície do solo, o uso do solo, a porosidade do solo, a condutividade hidráulica do solo e o teor de humidade do solo. Alguns dos modelos populares de infiltração são o modelo desenvolvido por Green e Ampt (1911), Horton (1933, 1939), e Philip (1957).

Green e Ampt (1911) desenvolveram um modelo de perda de infiltração baseado na teoria física em que a frente molhante se move verticalmente para baixo. A frente de molhagem é um limite afiado que divide o solo com um teor de humidade saturado do solo subjacente com menor teor de humidade. A água move-se verticalmente para baixo do solo saturado para o solo insaturado. Horton (1933, 1939) desenvolveu uma equação empírica para a capacidade de infiltração com base na observação de que a taxa de infiltração começa a um certo ritmo e depois diminui exponencialmente até atingir uma taxa de infiltração fc saturada constante. Philip (1957) resolveu a equação de Richard e propôs uma equação para estimar a capacidade de infiltração.

1.3. Unidade Hidrográficos

Uma unidade hidrográfica é definida como a descarga, produzida por uma bacia hidrográfica quando recebe uma unidade de excesso de precipitação distribuída uniformemente pela bacia a uma taxa constante durante um determinado período de tempo. A unidade de hidrografia foi originalmente concebida por Sherman (1932). A abordagem da unidade hidrográfica pode ser utilizada para modelar matematicamente o processo de escoamento pluviométrico. As seguintes hipóteses são feitas para o procedimento hidrográfico da unidade (Chow et al., 1988, p.214).

- O excesso de precipitação tem uma intensidade constante dentro da
duração efectiva.
- O excesso de precipitação está uniformemente distribuído por toda a área de drenagem.
- O tempo de base de DRH (a duração do escoamento directo) resultante de um excesso de precipitação de determinada duração é constante.
- As ordenadas de todos os DRH's de um tempo base comum são directamente proporcionais à quantidade se o escoamento directo representado por cada hidrográfico.
- Para uma determinada bacia hidrográfica, o hidrográfico resultante de um determinado excesso de precipitação reflecte as características imutáveis da bacia hidrográfica.

Os hidrografos unitários podem ser derivados para bacias hidrográficas aferidas a partir de dados medidos de pluviosidade. Os hidrografos unitários derivados por este método são válidos apenas para a bacia hidrográfica específica. Para as bacias hidrográficas não calibradas, são utilizados hidrografos de unidade sintética. As unidades hidrográficas sintéticas comuns são a unidade hidrográfica de Snyder (Snyder, 1938; Gray, 1961), Soil Conservation Service (SCS), unidade hidrográfica sem dimensões (SCS, 1972) e a unidade hidrográfica de Clark (Clark, 1943).

No presente estudo, o método hidrográfico da unidade SCS é utilizado para simular o processo de escoamento pluviométrico. A unidade de hidrografia sem dimensões SCS é uma unidade de hidrografia sintética em que a descarga é expressa pelo rácio de descarga q para o pico de descarga qp e o tempo pelo rácio de tempo t para o tempo de subida da unidade de hidrografiaTp (Chow et al., 1988, p. 228). A figura 1.1 mostra uma unidade de hidrografia SCS sem dimensões. Uma unidade triangular hidrográfica é utilizada para estimar adequadamente os valores de Tp (em horas) e qp (em cumec de precipitação efectiva) na unidade hidrográfica sem dimensões. A partir da investigação de numerosos hidrográficos, sugeriu-se a seguinte relação para os gráficos de unidades SCS como

$$qp = CAT \qquad (1.1)$$

Where C= 483.4 in English system, and A is the drainage area square miles.

T_p is expressed as-

$$T_p = \frac{t_r}{2} + t_{lag} \qquad (1.2)$$

Onde, t_r é a duração da precipitação excessiva em horas e t_{lag} é o tempo de atraso da bacia em horas.

O tempo de atraso da bacia é definido como a diferença de tempo entre o centro da massa de excesso de chuva e o pico de descarga do hidrograma da unidade.

Os parâmetros de tempo utilizados nos modelos foram o tempo de concentração
e o tempo de atraso da sub-bacia.

$$T_{lag} = L^{0.8}(\frac{1000}{CN}) - 10)^{0.7} / 1900 \times \sqrt{Y} \qquad - \qquad\qquad (1.3)$$

Onde Tlag é igual ao tempo de atraso (em horas) entre o centro de massa de
excesso de chuva e o pico da unidade hidrográfica , L é o comprimento da bacia
em m , CN é o número da curva (sem dimensão) e Y é a inclinação da bacia em
percentagem (HEC, 1998) .

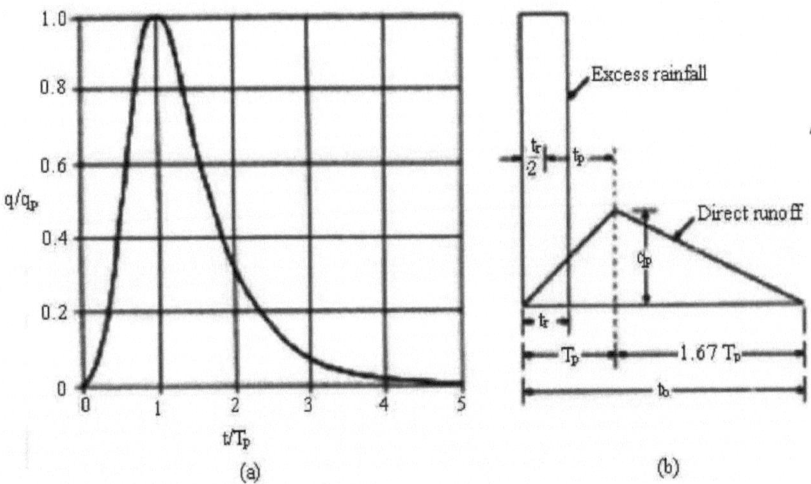

Figura1.1. Hidrografia da unidade sintética do Serviço de Conservação do
Solo. (a) Hidrografia sem dimensões e (b) Hidrografia de unidade triangular.
(Fonte: Solo

Serviço de Conservação, 1972).

1.4 Modelos de Infiltração

Os modelos matemáticos discutidos até agora são utilizados para encontrar a unidade ideal de hidrografia e valores para os parâmetros de perda do modelo de infiltração. O processo de infiltração tem sido o foco principal para as perdas por precipitação. Diferentes equações para as taxas de infiltração e infiltração em massa, que é o tempo integral da taxa de infiltração, têm sido propostas por diferentes investigadores. A infiltração em massa é também denominada como infiltração cumulativa. A precipitação de entrada é interceptada pela vegetação e depressões naturais. As perdas devidas à vegetação e às depressões são referidas

como perdas iniciais. Matematicamente, podem ser expressas como

$$P_e = P - IL \qquad (1.4)$$

Onde, *Pe é a profundidade de precipitação (mm) e P é* a precipitação de entrada (in), e *IL* é a perda inicial (mm).

Parte do excesso de precipitação é perdida por infiltração e a água restante escorre do solo como fluxo de folhas e junta-se ao curso de água. Matematicamente, o processo pode ser expresso como

$$F(t) = P_e - R \qquad (1.5)$$

Onde $F(t)$ é a infiltração total(in), $_{Pe}$ é a profundidade da precipitação, e R é o excesso de precipitação.

Green and Ampt (1911) propuseram um modelo de infiltração baseado numa teoria física em que a água infiltrada se desloca verticalmente para baixo através do perfil do solo como uma frente molhada. A quantidade de infiltração depende da porosidade do solo, do teor de humidade e da cabeça de sucção frontal molhante. A equação desenvolvida por Green e Ampt for infiltration capacity for plug flow é expressa como e a equação para infiltração em massa, $F(t)$, é expressa como

Onde $f(t)$ é a taxa de infiltração em polegadas/hora, $F(t)$ é a infiltração acumulada em polegadas, K é a condutividade hidráulica saturada em polegadas/hora, y é a cabeça de sucção frontal do solo molhada em polegadas, e Aq é o défice de teor de humidade.

Horton (1940) desenvolveu uma equação de capacidade de infiltração baseada em observações.

Horton observou que a infiltração começa a um ritmo inicial, $_{fo}$, e decresce exponencialmente

$$f(t) = k\left[1 + \left(\frac{\Psi\Delta\theta}{F(t)}\right)\right] \qquad (1.6)$$

$$F(t) = Kt + \Psi\Delta\theta \ln\left\|1 + \left(\frac{F(t)}{\Psi\Delta\theta}\right)\right\| \qquad (1.7)$$

até se aproximar de uma taxa constante, *fc*. A equação de Horton para a capacidade de infiltração é a partir da qual a equação de infiltração em massa é dada por

Onde, $_{fo}$ é a capacidade de infiltração inicial em polegadas/hora, *fc* é a capacidade de infiltração final em polegadas/hora, F é a infiltração cumulativa em polegadas e K é a constante de decaimento por hora.

O método do número de curvas foi desenvolvido pelo Serviço de Conservação de Recursos Naturais (NRCS), então chamado Serviço de Conservação do Solo (SCS), em 1954, para estimar o escoamento directo de uma bacia hidrográfica para um determinado evento de precipitação. Os números das curvas do NRCS baseiam-se na descrição do uso do solo, grupo hidrológico do solo, cobertura do solo, percentagem de área impermeável, e condição de humidade do solo.

O método do número de curvas proporciona relações entre abstracções iniciais, *Ia,* e números de curvas, CN, com base em experiências realizadas em pequenas bacias hidrográficas experimentais. As equações são apresentadas como

$$f(t) = f_c + \frac{(f_{o-f_c})}{K}\left(1 - e^{-Kt}\right) \tag{1.8}$$

$$F(t) = f_c t + \frac{(f_o - f_c)}{K}\left(1 - e^{-Kt}\right) \tag{1.9}$$

$$S = \frac{1000}{CN} - 10 \qquad\qquad (1.10)$$

$$I_a = 0.2S \qquad\qquad (1.11)$$

Além disso, foi estabelecida uma relação para o excesso de chuva como

$$P_e = \frac{(P - I_a)^2}{(P - I_a + S)} \qquad\qquad (1.12)$$

Onde S é a retenção máxima potencial em polegadas, P é a precipitação total em polegadas e P_e é a precipitação em excesso em polegadas.

O número da curva varia de 0 a 100. O número da curva é zero para superfícies perfeitamente permeáveis e assim $Q = 0$. O número da curva é 100 para superfícies perfeitamente impermeáveis e assim $Q = P$. Uma vez que muitos investigadores trabalharam na estimativa da taxa de perdas utilizando diferentes modelos de infiltração como descrito acima. Explico apenas brevemente alguns trabalhos interessantes.

Morel-Seytoux (1991) forneceu metodologia para o cálculo das taxas de infiltração e
das taxas de precipitação excedentária com base nos dados observados de precipitação pluviométrica. O

modelo

phi-index

, o modelo de abordagem do tempo de ponderação, o modelo de infiltração
desenvolvido

por Horton (1933), e o modelo de infiltração desenvolvido por Green andAmpt
(1911) foram utilizados para os cálculos de infiltração. Morel-Seytoux (1991)
sugeriu que, quando se utiliza o método phi-index, a precipitação em excesso
geradaA hyetografia é diferente das hyetografias de excesso de chuva geradas
pela utilização do modelo Horton, o modelo Green-Ampt, e o modelo de
abordagem do tempo de ponderação. A capacidade de infiltração do solo é maior
no início de um evento pluviométrico e diminui gradualmente com o tempo. No
índice phi, assume-se que a capacidade de infiltração é constante durante toda a
duração do evento.

Prasad et al. (1999) apresentaram um modelo para determinar os valores óptimos
dos parâmetros de perda usando dados históricos de pluviosidade, teoria da
infiltração, teoria do hidrográfico unitário, e um algoritmo de programação linear.
Salientou que, "avaliação de qualquer constante em qualquer infiltração

A equação requer duas ou mais condições de contorno". Ele afirma ainda "a teoria
da infiltração dá apenas uma condição limite; a perda cumulativa de chuva no final
da precipitação é igual à diferença entre a precipitação total e o volume de
escoamento directo".

V's Lumped Distribuídos

Modelos de parâmetros agrupados tomam todos os dados para uma sub-bacia e
combinam-nos num único número, ou conjunto de números, que definem a
resposta da bacia a um evento de tempestade. Modelos espaciais/modelos

distribuídos tomam os dados para cada célula da bacia dentro da bacia hidrográfica e utilizam os dados para calcular o fluxo de célula para célula. Embora os modelos espaciais sejam ideais para utilização com uma base de dados SIG espacial, os modelos de parâmetros não são.

Neste caso, uma vez que não temos conhecimentos sobre propriedade de uso do solo e, portanto, não conhecemos a CN das diferentes sub-bacias, assumimos os números para cada sub-bacia hidrográfica. Depois, utilizando alguma equação de infiltração, estimamos o escoamento superficial para cada sub-bacia. A informação geo-morfológica da bacia hidrográfica foi obtida utilizando os dados digitais de elevação do Shuttle Radar Topográfico Mission (SRTM). A fim de obter a variabilidade espacial, a bacia foi dividida em algumas sub-bacias hidrográficas.

Metodologia

O sistema de modelação da bacia hidrográfica (WMS) desenvolvido pelo Laboratório de Investigação de Modelação Ambiental (EMRL) da Universidade Brighan Young, é um software flexível que pode ser utilizado com a maioria das fontes de dados de entrada GIS. Também suporta muitos modelos hidrológicos como HEC-1, NFF, TR20, Rational, MODRAT e HSPF (WMS, 2008). No presente estudo foi utilizado o modelo HEC-1, porque o HEC-1 é o modelo adequado para representar todo o aspecto de uma bacia hidrográfica e para calcular todos os componentes dos hidrográficos de fluxo de água no local desejado na bacia hidrográfica.

2.2 Delimitação da bacia e sub-bacia hidrográfica

O primeiro passo envolve a delimitação da bacia e sub-bacia hidrográfica da área do projecto, utilizando o pacote de software WMS. A informação geo-morfológica da bacia hidrográfica foi obtida utilizando os dados digitais de elevação (DEM) da Missão Topográfica do Radar Shuttle (SRTM).

DEM: Um modelo de elevação digital (DEM) é uma representação digital da topografia de superfície do solo ou terreno. É também amplamente conhecido como um modelo digital do terreno (DTM). Um DEM pode ser representado como um raster (uma grelha de quadrados) ou como uma rede triangular irregular. Os DEM são normalmente construídos utilizando técnicas de detecção remota, mas também podem ser construídos a partir de levantamentos topográficos do terreno. Os DEM são frequentemente utilizados em sistemas de informação geográfica, e são a base mais comum para mapas em relevo produzidos digitalmente. No meu estudo obtive dados de elevação digital (DEM) da bacia hidrográfica de Ranganadi do sítio da Missão Topográfica do Radar de Vaivém (SRTM).

2.3 Estimativa do hidrográfico de escoamento de água em cada saída da sub-bacia

Um hidrográfico de escoamento é uma sequência temporal da fase do rio ou descarga numa secção transversal de um determinado riacho para uma determinada tempestade. Há muitos métodos que estimam o pico do caudal. Estes incluem equações de regressão desenvolvidas para uma determinada região com base em dados de escoamento pluvial observados, o método racional, a relação de escoamento pluvial do Serviço de Conservação do Solo (SCS), e o método gráfico de descarga de pico SCS. Cada método tem algum conjunto de dados para implementação. Uma vez que algumas das informações como a secção transversal do canal sobre a bacia hidrográfica estão disponíveis, por isso, nesta fase, incorporámos o Método Hidrográfico de Unidade sem dimensão da SCS para calcular o escoamento superficial.

2.4 Métodos de roteamento Utilizados para simulação de hidrográficos de escoamento de água na sub-bacia e na saída da bacia principal

Depois de obter o hidrográfico de saída em cada saída da sub-bacia, o hidrográfico de cheia será encaminhado para a saída principal da bacia. Uma vez que o encaminhamento dos canais é proposto em trabalhos futuros, estou apenas a definir os métodos básicos de encaminhamento.

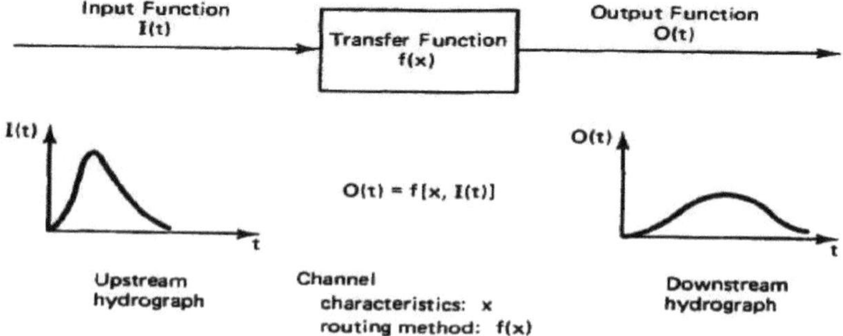

Fig 2.1 Roteamento de canais: análise versus síntese.(McCuen,1998).

O programa HEC-1, que estou a utilizar no meu trabalho, dá uma variedade de opções de rotas de alcance para escolher entre -Método Lag, método Muskingum, método Puls modificado, método Onda Cinemática, e método Muskingum-Cunge. A maioria destes métodos de encaminhamento incluídos no HEC-1 resolve as equações fundamentais do fluxo de canais abertos as equações de St. Venant.

Fig. 2 : Fluxograma da estimativa de Runoff pela abordagem do software WMS

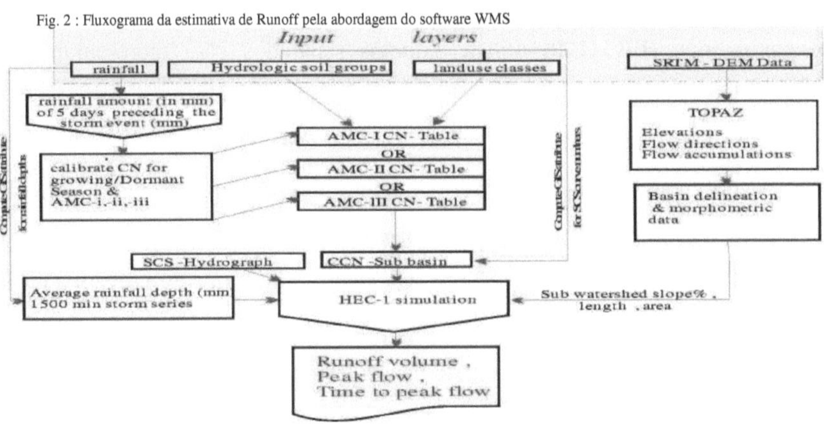

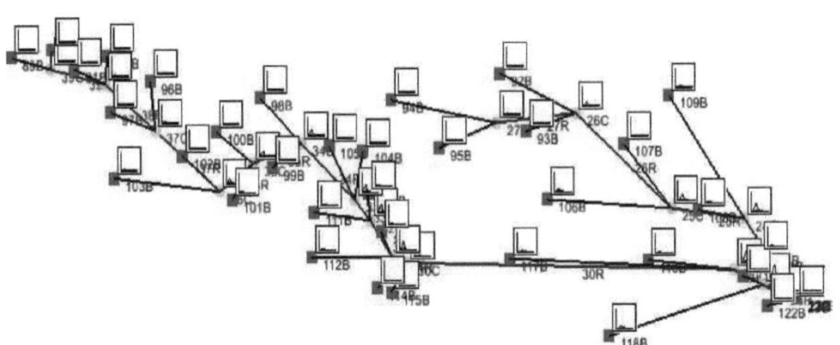

Fig. 2.2: Fluxograma de bacias, roteiros, tomadas e hidrográficos
Modelo HEC-HMS

HEC-HEC-HMS é um software de modelação hidrológica desenvolvido pelo US

Army Corps of Engineers Hydrologic Engineering Centre (HEC). Foi concebido para simular os processos de escoamento de precipitação de sistemas de bacias hidrográficas numa vasta gama de áreas geográficas, tais como grandes bacias hidrográficas e pequenas bacias hidrográficas urbanas ou naturais. O sistema engloba perdas, transformação de escoamento, encaminhamento em canal aberto, e análise de dados meteorológicos, simulação de escoamento pluvial, e estimativa de parâmetros. HEC-HMS utiliza modelos separados para representar cada componente do processo de escoamento, incluindo modelos que computam o volume do escoamento, modelos de escoamento directo, e modelos de fluxo de base. Cada modelo de escoamento combina um modelo de bacia, modelo meteorológico, e especificações de controlo com opções de escoamento para obter resultados. A conectividade do sistema e os dados físicos que descrevem a bacia hidrográfica são armazenados no modelo de bacia. Os dados de precipitação necessários para simular processos de bacias hidrográficas são armazenados no modelo meteorológico. Os detalhes das estruturas do modelo e dos vários processos envolvidos são fornecidos no Manual de Referência Técnica (USACE-HEC 2000) e no Manual do Utilizador (USACE-HEC 2008) do HEC-HMS. HEC-HMS inclui modelos de infiltração a partir da superfície da terra, mas não modela o armazenamento e o movimento vertical da água dentro da camada do solo. Combina implicitamente o fluxo próximo da superfície e o fluxo terrestre e modela-o como escoamento directo. HEC-HMS considera que toda a terra e água de uma bacia hidrográfica pode ser categorizada como superfície impermeável directamente ligada ou superfície permeável. Superfície impermeável directamente ligada numa bacia hidrográfica é a parte da bacia hidrográfica para a qual escorre toda a precipitação que contribui, sem infiltração, evaporação, ou outras perdas de volume. A precipitação nas superfícies permeáveis está sujeita a perdas. No HEC-HMS, muitos modelos bem conhecidos, tais como o modelo de perda inicial e constante, déficit e modelo de taxa constante, modelo de perda SCS-CN (número da curva do Serviço de Conservação do Solo), e modelo de perda Green-Ampt para estimar perdas acumuladas. Com cada modelo, a perda por precipitação é encontrada para cada intervalo de tempo de cálculo, e é subtraída da profundidade média de precipitação areal (MAP) para esse intervalo. A profundidade restante é referida como excesso de precipitação. Esta profundidade é considerada uniformemente distribuída por uma bacia hidrográfica, pelo que representa um volume de escoamento. O modelo de perda SCS-CN foi utilizado no presente estudo. O método do número de curvas foi desenvolvido pelo Natural Resource Conservation Service (NRCS), então denominado como Soil Conservation Service (SCS), em 1954, para estimar o escoamento directo de uma bacia hidrográfica para um determinado evento de precipitação. Os números das curvas do NRCS baseiam-se na descrição do uso do solo, grupo hidrológico do solo, cobertura do solo, percentagem de área impermeável, e condição de humidade do solo. O método do número de curvas

$$S = \frac{1000}{CN} - 10 \qquad\qquad (2.1)$$

$$I_a = 0.2S \qquad\qquad (2.2)$$

proporciona relações entre as abstracções iniciais, *Ia*, e números de curvas, CN,

$$P_e = \frac{(P - I_a)^2}{(P - I_a + S)} \qquad\qquad (2.3)$$

com base em experiências realizadas em pequenas bacias hidrográficas experimentais. As equações são apresentadas como:

Além disso, foi estabelecida uma relação para o excesso de chuva como

Onde S é a retenção máxima potencial em polegadas, P é a precipitação total em polegadas e $_{Pe}$ é a precipitação em excesso em polegadas. O número da curva varia de 0 a 100. O número da curva é zero para superfícies perfeitamente permeáveis e assim $Q = 0$. O número da curva é 100 para superfícies perfeitamente impermeáveis e assim $Q = P$.HEC-HMS transforma o excesso de precipitação em escoamento superficial directo através de um hidrográfico unitário ou pela transformação cinemática das ondas. O excesso de pluviosidade é calculado para cada intervalo de tempo subtraindo as perdas de infiltração da precipitação de entrada. A fim de computar o excesso de precipitação directa através de um hidrográfico unitário, HEC-HMS utiliza uma representação discreta do excesso de precipitação, na qual é conhecido um pulso de excesso de precipitação para cada intervalo de tempo. Resolve então a equação de convolução discreta para um sistema linear da seguinte forma (USACE-HEC 2000): onde Qn = ordenada de hidrografia por tempestade no tempo nAt, Pm = profundidade de excesso de precipitação no intervalo de tempo mAt a (m +1) At, M = número total de impulsos de precipitação discretos e Un- m+1 = ordenada UH no tempo (n - m + 1) At. Qn e Pm são expressos como caudal e profundidade, respectivamente, e Un-m+1 tem dimensões de caudal por unidade de profundidade.

$$Q_n = \sum_{m=1}^{n \leq M} P_m U_{n-m+1} \qquad (2.4)$$

No presente estudo, foi aplicado o modelo de hidrografia da unidade SCS (SCS UH) para estimar o escoamento directo. A investigação da SCS sugere que o pico UH (UP) e a hora do pico UH (TP) estão relacionados como:

$$q_. = {}^{CA/T}{}_{p\cdot} \qquad (2\text{-}5)$$

Onde $C=$ 483,4 no sistema inglês, e A é a área de drenagem, quilómetros quadrados.

Onde, $_{tr}$ é a duração da precipitação em excesso em horas e $tlag$ é o tempo de atraso da bacia em horas. O tempo de atraso da bacia é definido como a diferença de tempo entre o centro da massa de excesso de precipitação e o pico de descarga do hidrograma da unidade. Os parâmetros de tempo utilizados nos modelos foram o tempo de concentração e o tempo de atraso da sub-bacia.

$$T_{lag} = L^{0.8}(\frac{1000}{CN}) - 10)^{0.7} / 1900 \times \sqrt{Y} \qquad (2.7)$$

Onde Tlag é igual ao tempo de atraso (em horas) entre o centro da massa de excesso de chuva e o pico da unidade hidrográfica, L é o comprimento da bacia em m, CN é o número da curva (sem dimensões) e Y é a inclinação da bacia em percentagem (HEC, 1998). Em HEC-HMS, o modelo de fluxo de base é aplicado tanto no início da simulação de um evento de tempestade, como mais tarde no caso em que o fluxo de subsuperfície atrasado atinge os canais da bacia. Estão incluídos três modelos alternativos de fluxo de base tais como "valor variável mensal constante", "modelo de recessão exponencial", e "modelo de contabilização linear do volume do reservatório". Quando um modelo matemático é utilizado para optimizar os parâmetros da taxa de perdas por precipitação a partir dos dados de precipitação observados, é importante que o hidrográfico observado e o hidrográfico gerado pela utilização do ensaio de optimização sejam tão idênticos quanto possível. Uma função objectiva é uma ferramenta matemática para medir a bondade do ajuste entre o hidrográfico observado e o hidrográfico gerado.

T_p is expressed as-

$$T_p = \frac{t_r}{2} + t_{lag} \qquad - \qquad (2.6)$$

As funções objectivas disponíveis no software HEC-HMS são: raiz quadrada média ponderada do pico, percentagem de erro no pico de fluxo, percentagem de erro no volume, soma dos resíduos absolutos, soma dos resíduos quadrados e erros ponderados pelo tempo. O software HEC-HMS contém dois algoritmos de pesquisa, nomeadamente o método univariado e o método Nelder e Mead (1965) para encontrar o valor mais baixo da função objectivo e os valores óptimos dos parâmetros. O método de gradiente univariado calcula e ajusta um parâmetro de cada vez enquanto bloqueia os outros parâmetros. Em alternativa, o método Nelder e Mead avalia todos os parâmetros simultaneamente e determina qual o parâmetro a ajustar. Os algoritmos de pesquisa são também conhecidos como métodos de optimização. Os algoritmos de pesquisa utilizados para obter o valor mínimo de uma função objectiva podem, por vezes, ser utilizados pelo modelador, fornecendo um conjunto de valores de parâmetros de solução, mas o valor da função objectiva pode não ser o valor mínimo possível. Um conjunto de solução com um valor inferior da função Objectivo poderia estar disponível no espaço de solução. Uma solução mínima global pode ser definida como a solução com o valor mais baixo da função objectivo no espaço de solução, enquanto uma solução mínima local pode ser definida como uma solução com valores da função objectivo inferiores aos do espaço circundante.

Área de estudo e Dados utilizados

Visão geral da área de estudo

Considerando os problemas de terra e água e a disponibilidade de dados hidrológicos, meteorológicos, do solo, e outros dados colaterais, a bacia hidrográfica de Ranganadi foi seleccionada como área de estudo para o presente estudo, como mostra a figura 2. A área de estudo situa-se entre 94°02'34" de longitude E e 27°14'01" de latitude N na bacia do rio Brahmaputra, na Índia (Fig. 1). Tem uma área de 1.920,68 km2 circundando cinco sub-bacias hidrográficas, nomeadamente Yazali, Pingrove, Did, Mangio, Peprong. Todas estas cinco são estações de chuva, que são consideradas como local de escoamento da sub-bacia hidrográfica no estudo. Novamente para este estudo, o local da barragem de Ranganadi foi considerado como o principal ponto de escoamento da bacia hidrográfica, que se situa a 93°44'28"E de longitude e 27°24'32"N de latitude.

Aquisição de dados

Os dados utilizados neste estudo foram (a) os dados diários de precipitação das cinco estações de racionamento (Yazali, Pingrove, Did, Mangio, e Peprong.) para o período de 3 anos (2006-2008) (b) os dados diários de descarga da bacia hidrográfica no escoadouro principal para o período de 3 anos (2006- 2008) (c) o Modelo Digital de Elevação (DEM) da bacia do rio Ranganadi foi adquirido no Sítio SRTM. O padrão pluviométrico de todos os anos em diferentes sub-bacias hidrográficas é definido no Apêndice A.

Preparação de modelos de entrada

Estão disponíveis os registos de precipitação para cinco estações pluviais. Estas estações de pluviosidade são Yazali, Pingrove, Did, Mangio, e Peprong. Para o modelo distribuído, os registos de pluviosidade observados numa estação de pluviosidade específica é considerado como uniformemente distribuído por toda a sub-bacia hidrográfica. Estes registos de pluviosidade distribuídos são utilizados directamente no modelo desenvolvido utilizando a abordagem de distribuição. Este método poligonal é utilizado para este fim. A figura 3 mostra os polígonos deste tipo. Para o modelo de chuvas médias foi calculada usando WMS. Os dados de elevação digital SRTM são usados para delinear a bacia hidrográfica e a geração da rede de riachos. A figura 5 mostra o DEM da área de estudo e a direcção do fluxo de água, que é calculado utilizando TOPAZ. A área da bacia hidrográfica foi ainda sub-dividida no número de estações de chuva disponíveis na bacia hidrográfica. Há cinco estações de chuva disponíveis na bacia hidrográfica de Ranganadi. As sub-bacias hidrográficas são mostradas na figura 4. O módulo de processamento da bacia do WMS foi utilizado para a geração do ficheiro do mapa de fundo da área de estudo que, por sua vez, foi utilizado como entrada para o modelo HEC-HMS (Fig.5). A outra entrada do modelo, como a CN da bacia hidrográfica, é assumida para fins de calibração, como se mostra na tabela 2.1. A tabela 2.2 mostra a entrada do modelo básico que é descrita anteriormente.

Calibração e validação dos modelos

A aplicação bem sucedida de um modelo hidrológico de bacia hidrográfica depende da forma como o modelo é calibrado, o que por sua vez depende da capacidade técnica do modelo hidrológico, bem como da qualidade dos dados de entrada. O modelo de bacia hidrográfica HEC-HMS foi calibrado utilizando dados diários de precipitação (Janeiro a Dezembro) e dados de fluxo de 1,5 anos (Jan.2006-Maio2007). O objectivo da calibração do modelo era fazer corresponder os volumes simulados, os picos, e o tempo dos hidrográficos com os observados. Para a simulação do fluxo de fluxo pelo modelo HEC-HMS, foi utilizado o método de transformação hidrográfica da unidade SCS para calcular hidrografos de escoamento directo na superfície, o método de perda de número de curvas SCS para calcular volumes de escoamento, e o método mensal constante foi utilizado para a separação do fluxo de base. A abstracção inicial (Ia), o tempo de atraso SCS, e a constante Muskingum (K&X) foram considerados como parâmetro de calibração HEC-HMS. Estes parâmetros do modelo foram estimados usando o algoritmo de optimização disponível no HEC-HMS. Após cada ajuste de parâmetro e execução de simulação correspondente, os hidrografos de fluxo simulados e observados foram comparados visualmente e a NSE (eficiência Nash- Sutcliffe) foi calculada para examinar a melhoria dos resultados da simulação. Foram realizadas várias simulações para obter os melhores valores dos parâmetros de calibração correspondentes à simulação, obtendo-se o maior valor da NSE. Após a calibração do modelo, ambos os modelos foram validados utilizando dados de fluxo diário dos anos de 2007 e 2008.

Modelo de avaliação de desempenho HEC-HMS

Neste estudo, o desempenho do HEC-HMS foi avaliado utilizando tanto técnicas estatísticas como modelos gráficos de avaliação. Foram utilizadas as estatísticas de avaliação do modelo como a eficiência de Nash-Sutcliffe (NSE) e o desvio percentual (Dv) recomendado pela ASCE (1993), bem como o índice de concordância (d1) sugerido por Legates e McCabe (1999), e o rácio de desvio padrão de RMSE-observação (RSR) recomendado por Moriasi et al. (2007). Além disso, foram também utilizados os indicadores estatísticos habitualmente utilizados, a saber, coeficiente de determinação (R2), erro médio (ME), e erro quadrático médio de raiz (RMSE). Os valores de ME, RMSE, RSR, NSE, d1, Dv e R2 foram calculados utilizando as seguintes equações:

$$ME = 1/n \pounds_{i=1} (Qo - Qs) \tag{2.8}$$

$$RMSE = \left[1/n \sum_{i=1}^{n} (Qo - Qs)^{\wedge}2 \right]^{\wedge}0.5 \tag{2.9}$$

$$NSE = 1 - \frac{\sum_{i=1}^{n} (Qo - Qs)^{\wedge}2}{\sum_{i=1}^{n} (Qo - \overline{Qo})^{\wedge}2} \qquad - \qquad (2.10)$$

$$R^{\wedge}2 = \left[\sum_{i=1}^{n} (Qo - \overline{Qo})(Qs - \overline{Qs})^{\wedge}2 / \sqrt{\left\{ \sum_{i=1}^{n} (Qo - \overline{Qo})^{\wedge}2 \sqrt{\sum_{i=1}^{n} (Q_s - \overline{Q_s})^{\wedge}2} \right\}} \right]^{\wedge}2 \qquad - (2.11)$$

$$D_V = \left[\ (V_O - V_s)/V_O \ \right] \qquad - \qquad (2.12)$$

$$RSR = RMSE/STDEV_{obs.} \qquad - \qquad (2.13)$$

Onde, Qo = fluxo de fluxo observado, Qs = fluxo de fluxo simulado, n = número total de dados observados, V_o = volume de fluxo total observado, Vs = volume de fluxo total simulado, e STDEVobs = desvio padrão do fluxo de fluxo observado. Além disso, hidrográficos combinados usando fluxo de fluxo observado diariamente, e fluxo de fluxo simulado HEC- HMS para os períodos de calibração e validação foram traçados para uma verificação visual do desempenho do modelo. Foram também preparadas parcelas de dispersão (juntamente com a linha 1:1) de fluxos observados versus fluxos simulados para os períodos de calibração e validação, bem como para todo o período de simulação. Finalmente, os volumes totais de fluxo (ou seja, volumes de fluxo anuais) simulados pelos dois modelos foram traçados utilizando gráficos de barras juntamente com os volumes totais de fluxo observados durante todo o período de simulação para examinar a eficácia do modelo na simulação dos volumes totais de fluxo.

Resultados e discussão

Resultados da calibração de HEC-HMS

Os dados de escoamento pluviométrico registados na bacia hidrográfica de Ranganadi foram utilizados para calibrar e validar o modelo desenvolvido. A informação geomorfológica da bacia hidrográfica foi extraída dos dados digitais de elevação do SRTM. A tabela 3 mostra os parâmetros iniciais e optimizados da abordagem por grumos. Da mesma forma, a tabela 4 mostra os parâmetros da abordagem distribuída. É claro a partir destas tabelas que os valores dos parâmetros calibrados para o modelo variam de sub-bacia hidrográfica para sub-bacia. Estes parâmetros foram optimizados utilizando as ferramentas de optimização disponíveis no HEC-HMS, conforme discutido anteriormente. A variação nos valores de Ia é atribuída à variação na condição de humidade prévia (AMC) ao longo dos anos e a variação no tempo de atraso SCS é atribuída à variação do fluxo observado ao longo dos anos.

Avaliação do desempenho utilizando indicadores estatísticos

Em geral, as medidas baseadas na correlação e baseadas em erros têm sido amplamente utilizadas para avaliar a adequação dos modelos hidrológicos (Legates e McCabe, 1999). Tal como discutido anteriormente, as medidas baseadas na correlação consideradas neste trabalho incluem o coeficiente de correlação, R2, índice de concordância, dl, e coeficiente de eficiência ou NSE. NSE é uma medida sem dimensão, que varia de -^ a 1 com valores mais elevados denotando uma melhor concordância. Os valores de vários indicadores estatísticos, a saber, ME, RMSE, R2, d1, NSE, Dv, e RSR para os modelos são apresentados na Tabela 5 para os períodos de calibração e validação. O valor NSE para modelação distribuída é maior do que o modelo Lumped. Isto indica um melhor desempenho do modelo HEC-HMS na abordagem de modelação distribuída em vez de modelação agrupada. Esta conclusão é ainda confirmada por valores RSR mais pequenos obtidos para o modelo HEC-HMS em caso de abordagem de modelação distribuída ao longo dos períodos de calibração e validação, em comparação com a abordagem de modelação agrupada para os mesmos períodos.

Avaliação do desempenho utilizando indicadores gráficos

Verificação visual dos hidrografos de fluxo observado e simulado Uma comparação do hidrografo de fluxo observado com o simulado por HEC-HMS como abordagem de modelização por Lumped, bem como por abordagem de modelização Distributed como mostrado na Fig.7-10. Estas figuras mostram que embora exista uma tendência semelhante entre os hidrografos de fluxo observado e os hidrografos de fluxo simulado, os picos dos dois hidrografos não coincidem razoavelmente no período de escassez de chuva. As figuras 11 a 14 mostram o gráfico de dispersão entre o fluxo simulado e o observado, juntamente com o valor R2 correspondente.

Como discutido anteriormente, uma função objectiva é um instrumento matemático para medir a bondade de ajuste entre os hidrografos observados e os gerados. Encontrar o valor mais baixo da função objectiva e os valores óptimos dos parâmetros são os principais objectivos por detrás do nosso ensaio de optimização. O método de gradiente univariado calcula e ajusta um parâmetro de cada vez enquanto bloqueia os outros parâmetros. Em alternativa, o método Nelder e Mead avalia todos os parâmetros simultaneamente e determina qual o parâmetro a ajustar. Os algoritmos de pesquisa são também conhecidos como métodos de optimização. As figuras 15 e 16 mostram a variação da função objectivo após a optimização. O valor óptimo da função objectiva é fechado a zero.

Conclusões

No presente estudo, a modelação do escoamento da chuva é realizada utilizando o modelo hidrológico HEC-HMS, e técnicas de detecção remota e SIG em previsão da estimativa dos parâmetros de infiltração na bacia do rio Ranganadi, no Nordeste da Índia. Os dados necessários sobre precipitação e fluxo de fluxo foram recolhidos durante 3 anos (2006-2008), juntamente com os mapas topográficos, e as imagens DEM da área de estudo. O ficheiro de entrada para os modelos hidrológicos propostos foi preparado utilizando técnicas de teledetecção e GIS. Para a simulação do fluxo de fluxo pelo modelo HECHMS, foi utilizado o método de transformação hidrográfica da unidade SCS para calcular hidrográficos de escoamento directo de superfície, o método de perda do número de curvas SCS para calcular os volumes de escoamento,

e o método mensal constante foi utilizado para a separação do fluxo de base. A modelização por lotes e distribuição foi simulada e validada utilizando os dados de fluxo pluviométrico de 2006 a Maio de 2007, e os dados de fluxo pluviométrico de 2008, respectivamente. Finalmente, o desempenho do modelo HEC-HMS foi avaliado utilizando vários indicadores estatísticos e gráficos. Com base na análise dos resultados obtidos neste estudo, puderam ser tiradas as seguintes conclusões:

- Ambos os modelos HEC-HMS (Lumped and Distributed) foram encontrados para simular o fluxo de fluxo com um nível aceitável de precisão. Os valores de NSE, d1, e R2 para os dois modelos variam de 0,791 a 0,92, 0,646 a 0,74, e 0,79 a 0,919, respectivamente, durante o período de simulação e validação.

- Com base nos indicadores estatísticos e gráficos utilizados neste estudo, constatou-se que a abordagem HEC-HMS Distributed simulado fluxo diário é melhor do que o fluxo de fluxo simulado Lumped.

- Embora exista uma correspondência razoavelmente boa entre os hidrografos observados e os hidrografos de fluxo simulado para ambos os modelos HEC-HMS Distributed e HEC-HMS Lumped, os hidrografos não combinam bem para o período de escassez de chuva.

- A Tabela Universal CN (Apêndice-B) mostra o valor da CN de acordo com o uso do solo e a cobertura vegetal. Os resultados mostram que o CN da bacia hidrográfica de Ranganadi se encontra em boas condições hidrológicas.

Globalmente, conclui-se que o modelo HEC-HMS é fiável para estimar parâmetros de infiltração e para simular o fluxo diário na bacia do rio Ranganadi, no Nordeste da Índia. Por conseguinte, o uso do modelo HEC-HMS pode ser usado para futuros estudos sobre modelação hidrológica nesta bacia. Também se pode notar que apenas três anos de dados de escoamento pluviométrico são utilizados no estudo. Para efeitos de modelização, estes dados de pequena duração podem não ser adequados.

Referências

Brutsaert, W. (2005). *Hidrologia: Uma introdução*. Nova Iorque: Imprensa da Universidade de Cambridge.

Chow,V.T., Maidment, D.R. & Mays, L.W. (1988). *Hidrologia aplicada*. Nova Iorque: McGraw-Hill Book Co.

Ching, C. W. e Chih, R. L.: Hydrological modelling using artificial neural networks, Prog.,Phys., Geog., 80-108, 1998.

Gautam, M. R., Watanabe, K., e Saegusa, H.: Runoff analysis in humid forest catchment with artificial neural network, J. Hydrol., 2000.

Goldberg, D. E.: Genetic algorithms in search, optimization, and machine learning,

Addison-Wesley-Longman, Reading, MA, 2000.

Centro de Engenharia Hidrológica. (1998). *Pacote hidrográfico de inundação HEC-HMS: Manual do utilizador*. Davis: U.S. Army Corps of Engineers (Corpo de Engenheiros do Exército dos EUA).

Maidment, D.R. (1993) Developing a spatially distributed unit hydrograph by using a GIS.

Actas da Conferência Internacional sobre a Aplicação de SIG em Hidrologia e Gestão de Recursos Hídricos realizada em Viena, Áustria, n.º 211, pp 181-192. Viena:IAHS.

Nayak, T. R. e R. K. Jaiswal, 2003. Modelação do Rainfall Runoff usando dados de satélite e SIG para o rio Bebas em Madhya Pradesh.

Philip, J.R. (1957). Teoria da infiltração: A equação da infiltração e a sua solução. *Soil Science, 83(5),* 165-192.

Prasad, T. D., Gupta, R. & Prakash, S. 1999. Determinação de parâmetros de taxa de perdas óptima & hidrografia unitária. *Journal of Hydrologic Engineering, 4(1),* 83-87.

Rientjes, T. H. M.: Inverse 5 modelling of the rainfall-runoff relation; a multi objective model calibration approach, Ph.D. thesis, Delft University of Technology, Delft, The Netherlands, 2004.

Sajikumar, N. e Thandaveswara, B. S.: A non-linear rainfall-runoff model using an artificial neural network, J. Hydrol., 216, 32-55, 1999.

Web GIS, criando Tabela de Uso do Solo para Cálculo de Número de Curvas dentro do software WMS, Disponível em linha em: http://www.emrl.byu.edu/gsda/data tips/tip landuse table.html.

WMS, 2008 .Tutorials of Watershed Modeling System V 8.1, Environmental Modeling Research Laboratory of Brigham Young University,Utah. U.S.

Wang, M., e Hjelmfelt, A.T. (1998) DEM Based Overland Flow Routing Model, Journal of Hydrologic Engineering, 3(1), pp. 8.

Tablel Land use/land covers in the study area and their CN values

SUWATERSHED	ÁREA(Km2)	ASSUMIDO CN
Ranganadi(Abordagem por blocos)	1920.68	90
10B(Yazali)	513.33	90
6B(Pinegrove)	257.77	95
7B(Did)	517.89	80
8B(Mangio)	280.20	75
9B(Peprong)	351.49	85

Tabela 2 Entradas do modelo HEC-HMS preparado por técnicas de detecção remota e GIS

Dados de entrada	Fonte de dados	Software utilizado
Pluviosidade média areal	Dados de campo	WMS
Número da curva	Assumido	HEC-HMS
Mapa de fronteira e redes de drenagem da área de estudo	SRTM DEM (Remoto Sensoriamento)	WMS E HEC-HMS
Comprimento, largura e inclinação dos canais	SRTM DEM (Remoto Sensoriamento)	WMS

Tabela 3 Valores calibrados dos parâmetros do modelo (valor optimizado dos diferentes parâmetros) - Abordagem de modelação por lotes

47

Elemento	Parame ter	Unidades	Inicial Va'ue	Valor Opt mi zed
IB	QLITM NL~OOR		90 00	35 TSO
IB		WW	"»0M	asm
IB	GCS 3	COM	197 01Ю	197.02
A.i UnMiri	Curva r* -r4c sue Factor		1 00	o aveia'ei
AI SjOCui rs	imi АГгЯтЖ3пП SUa permuta		100	22725

Tabela 4 Valores calibrados dos parâmetros do modelo (valor optimizado dos diferentes parâmetros) - Abordagem de Modelação Distribuída.

Elemento	Parâmetro	Unidades	Inicial Valor	Valor optimizado
106	Número da Curva		90.00	40.000
10B	Abstracção inicial	MM	50.000	33.500
1OB	SCS Lao	MIN	118.5300	118.53
10R	Muskingum K	RH	0.600	0.51359
10R	Muskingum X		0.200	0.45000
10R	Número de Passos		1	
11R	Muskingum K	RH	0.600	0.26322
RH	Muskingum X		0.200	0.50000
elevador	Número de Passos		3	
66	Número da Curva		95.00	62.067
68	Abstracção inicial	MM	60.000	60.601
6B	SCS Lag	MIN	71.8320	71.832
78	Número da Curva		80.00	53.100
76	Abstracção inicial	MM	20.000	20.200
7B	SCS Lag	MIN	160.6140	160.61
8B	Número da Curva		75.00	50.000
86	Abstracção inicial	MM	15.000	15.150
68	SCS Lag	MIN	172.6140	172.61
8R	Muskingum K	RH	0.600	0.19457
8R	Muskingum X		0.200	0.34097
8R	Número de Passos		3	
9B	Número da Curva		85.00	56.667
9B	Abstracção inicial	MM	70.000	70.350
96	SCS Lag	MIN	133.5060	13351
OU	Muskingum K	RH	0.600	0.18988
9R	Muskingum X		0.200	0.45212

Quadro 5 Estatísticas de desempenho do modelo durante os períodos de calibração e validação

Statistical indicadors	Model	Período de calibração(SINGL E BASIN)	Período de calibração(S UB - BASIN)	Período de validação(SINGL E BASIN)	Período de validação(S UB - BASIN)
ME (m3/s)	HMS	0.45	0.46	0.79	0.77
RMSE (m3/s)		65.82	58.3	40.15	45.92
RSR		0.45624	0.38909	0.299	0.32214
NSE		0.791	0.85458	0.90	0.92
R2		0.79	0.86	0.901	0.919
dl		0.70	0.74	0.65	0.646
Dv (%)		19.64	9.03	9.94	6.08

Fig.16 Variação da função objectiva durante a modelação distribuída

Fig. 1 Mapa de localização da área de estudo

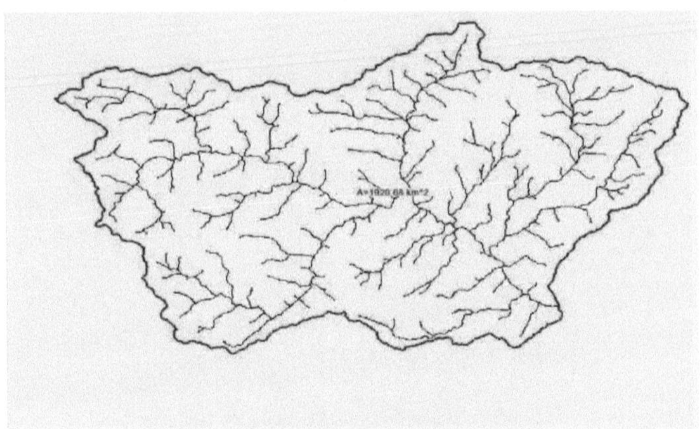

Fig. 2 Bacia Hidrográfica de Ranganadi

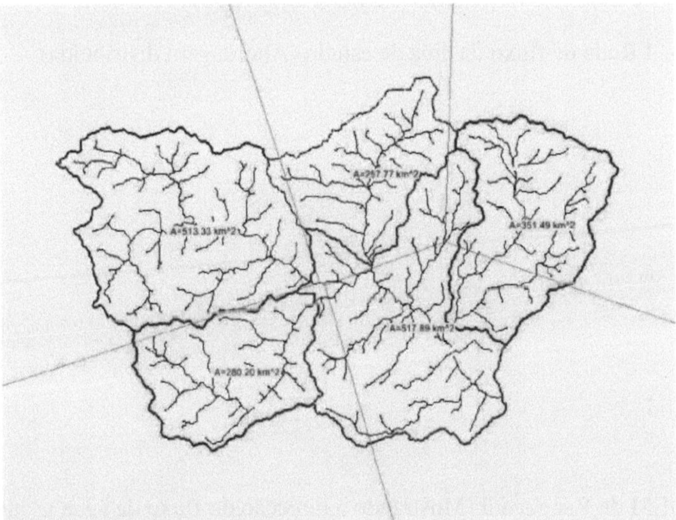

Fig. 3 Cálculo do padrão de precipitação distribuído por este método poligonal.

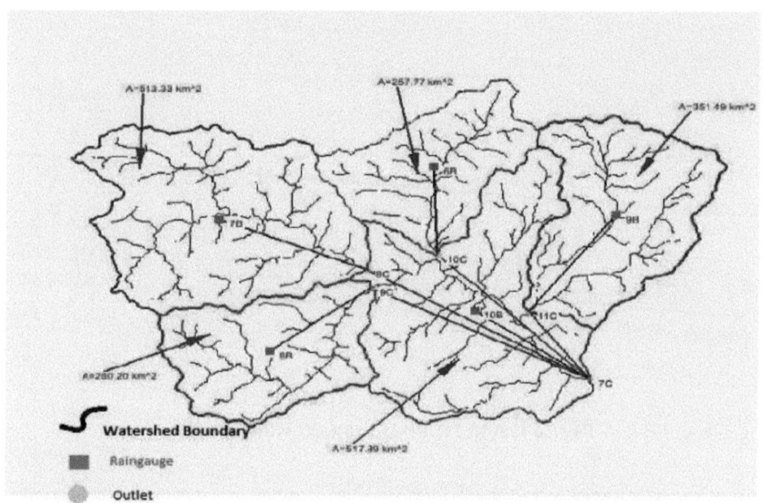
Fig. 4 Rede de fluxo da área de estudo (Abordagem distribuída)

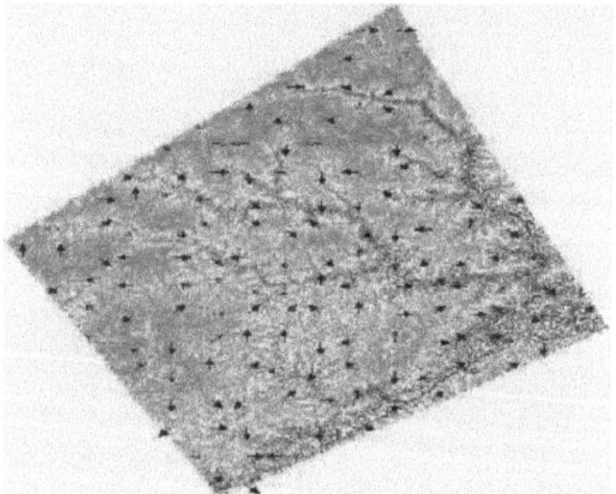
Fig. 5 DEM de Ranganadi (Mostrando a direcção do fluxo de água usando Topázio.)

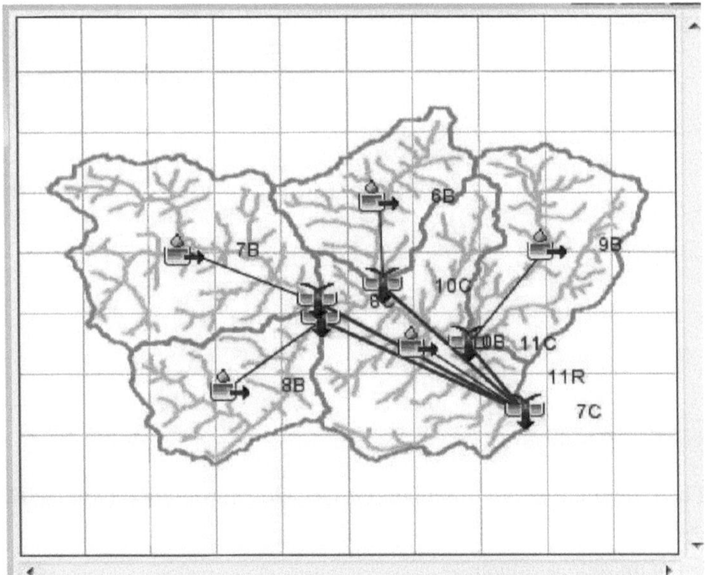

Fig. 6 Bacia hidrográfica de Ranganadi em HMS

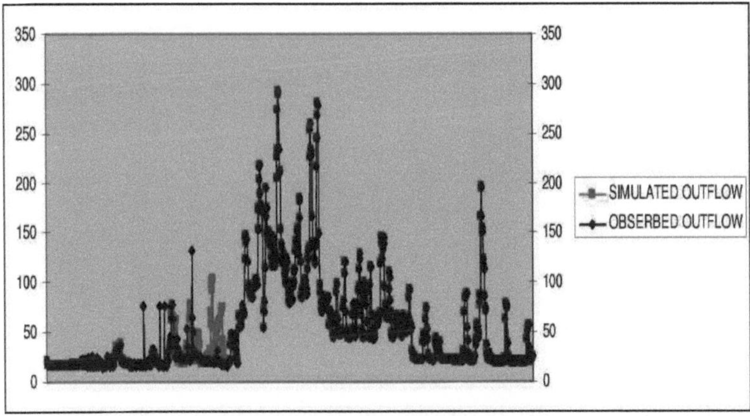

Fig. 7 Vs Simulado Fluxo de fluxo observado Hidrográfico para abordagem de modelação em bloco durante a simulação.

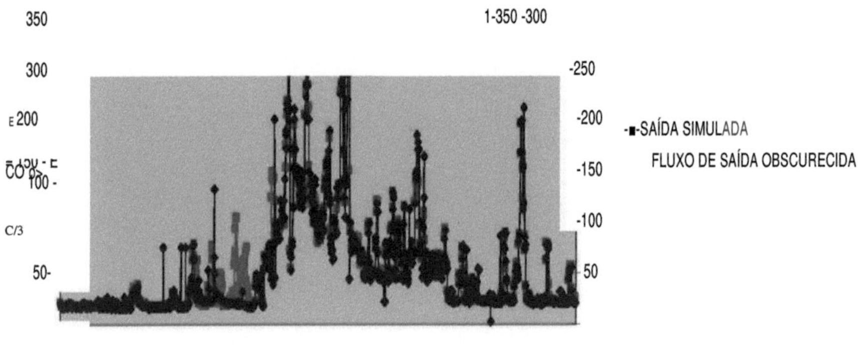

Fig.8 Fluxo de fluxo de Vs Simulado Observado Hidrográfico para modelação em bloco

abordagem durante a validação.

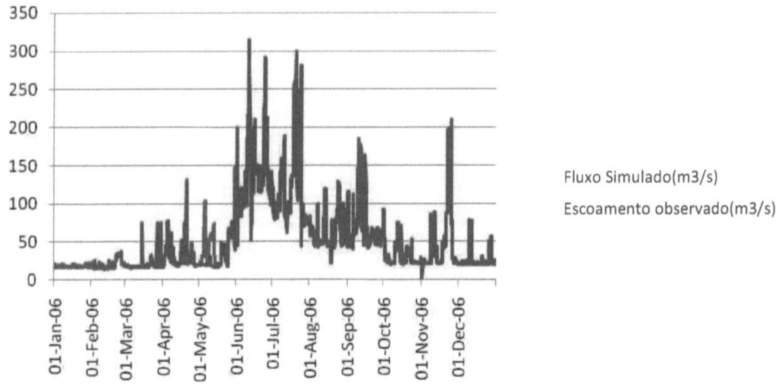

Fig. 9 Hidrografia de fluxo observado em Vs simulados para abordagem de modelação distribuída durante a simulação.

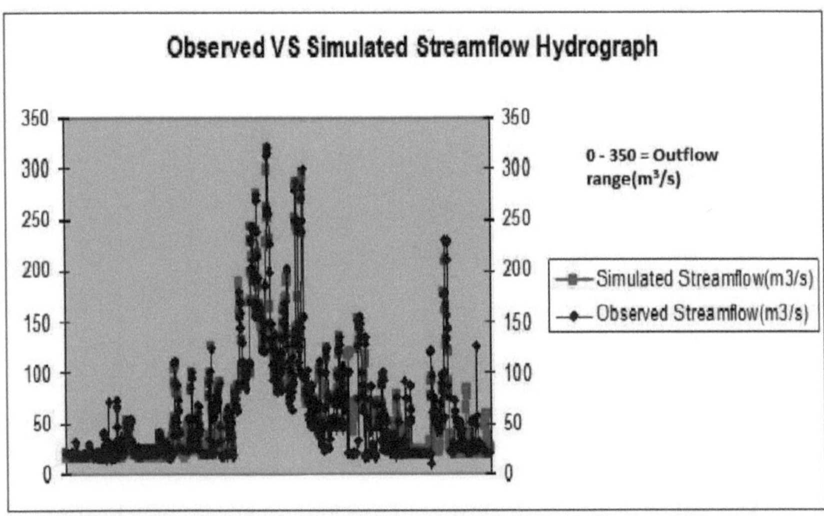

Fig. 10 Hidrografia simulada de fluxo observado em "Vs" para distribuição abordagem de modelização durante a Validação.

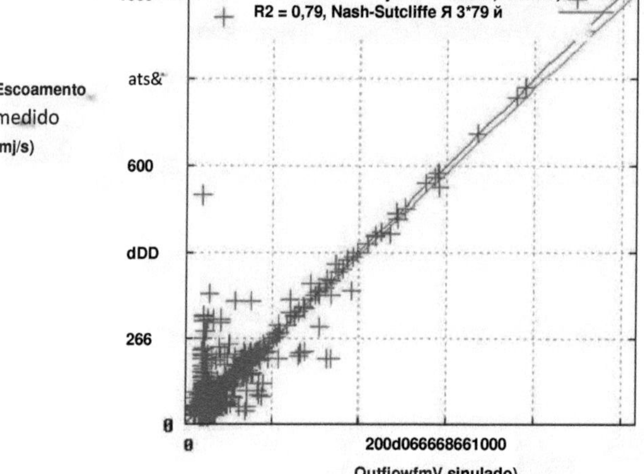

Fig.11 Parcelas de dispersão de fluxos observados e simulados para fluxos de riachos agrupados abordagem de modelização durante a simulação.

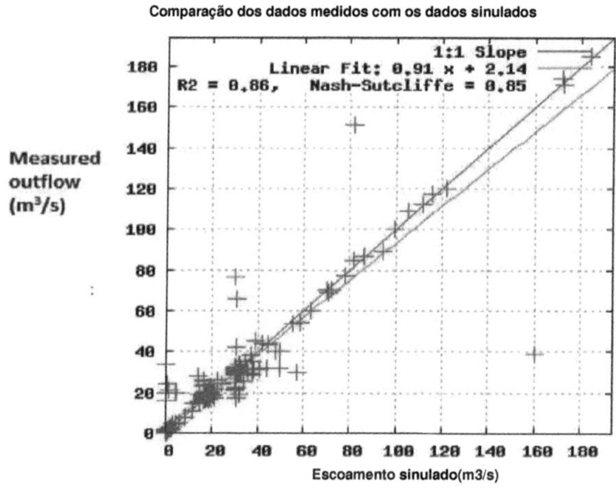

Fig.12 Parcelas de dispersão de fluxos observados e simulados para fluxos de riachos agrupados abordagem de modelização durante a validação.

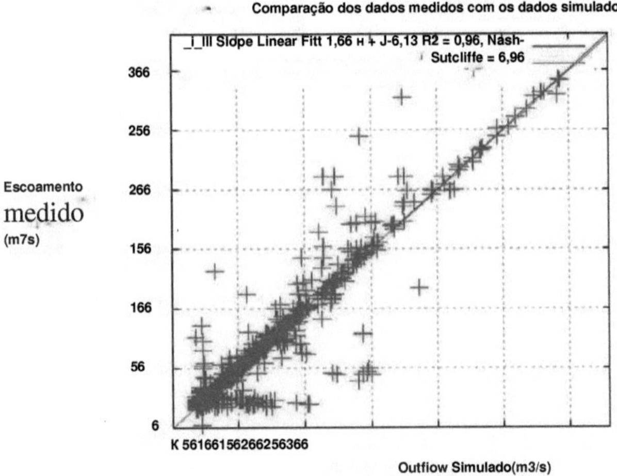

Fig.13 Parcelas de dispersão de fluxos observados e simulados para abordagem de modelação distribuída durante a simulação.

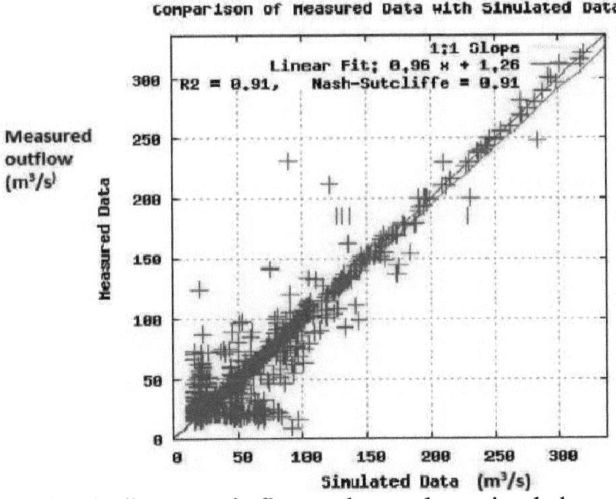

Fig.14 Parcelas de dispersão de fluxos observados e simulados para abordagem de modelação distribuída durante a validação.

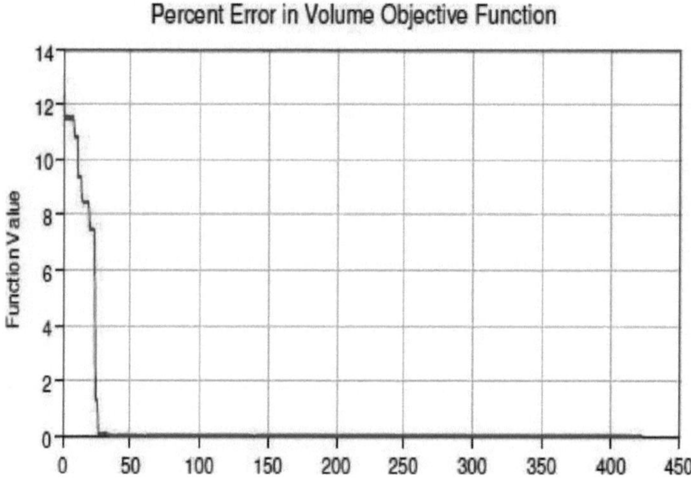

Objectivo Função

Fig. 15 Variação da função objectiva durante a modelação em bloco.

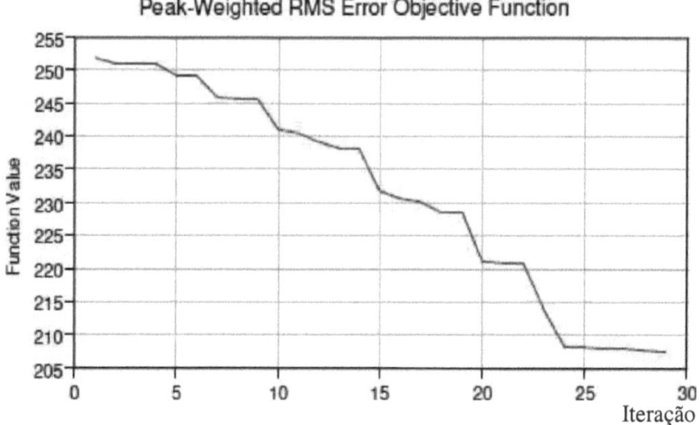

Função Objaciiw

Fig.16 Variação da função objectiva durante a modelação distribuída.

APÊNDICE-A

Padrão de distribuição da precipitação em cinco sub-bacias hidrográficas.

Na sub-bacia hidrográfica
da YAZALI

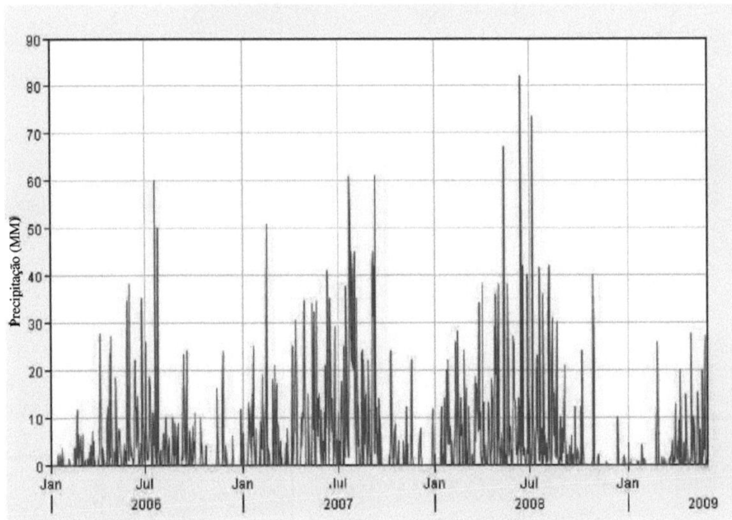

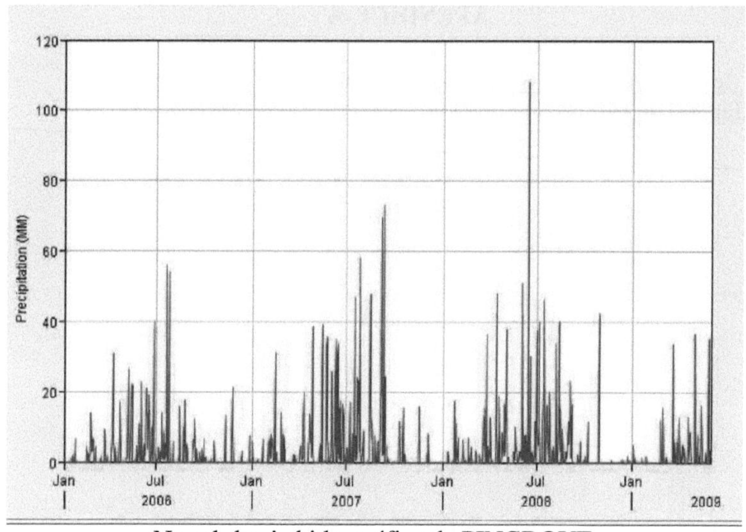

Na sub-bacia hidrográfica de PINGROVE

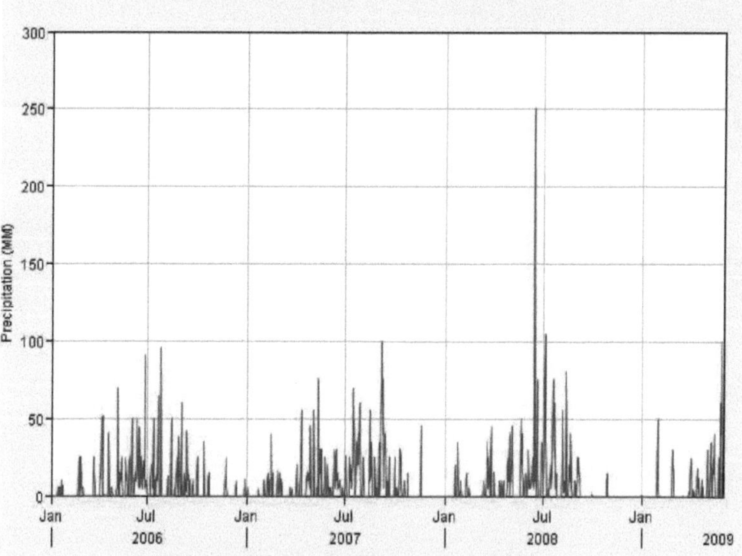

Na sub-bacia hidrográfica do DID

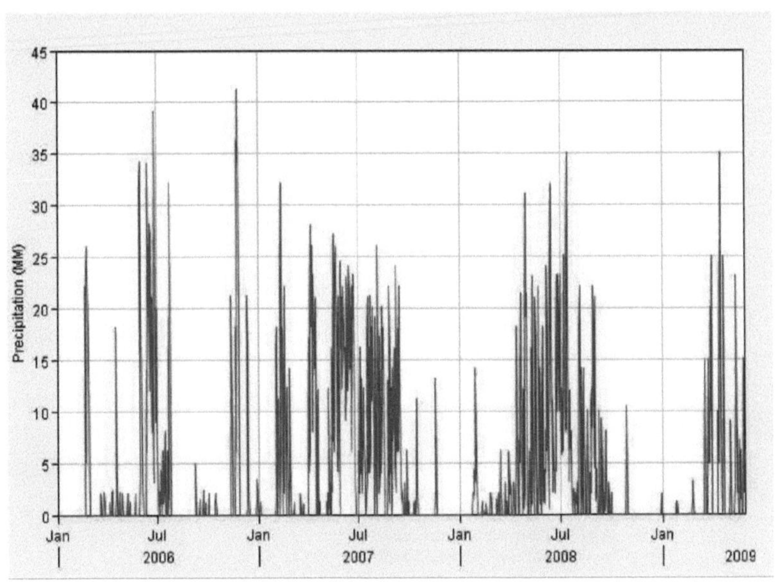

Na sub-bacia hidrográfica de Mangio

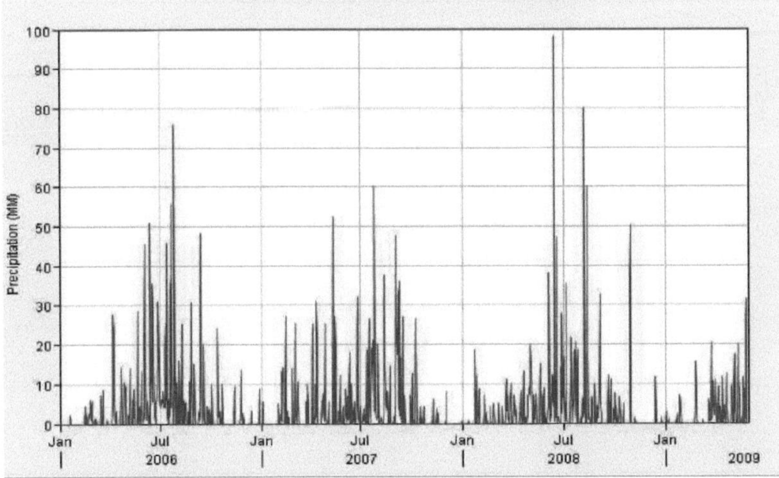

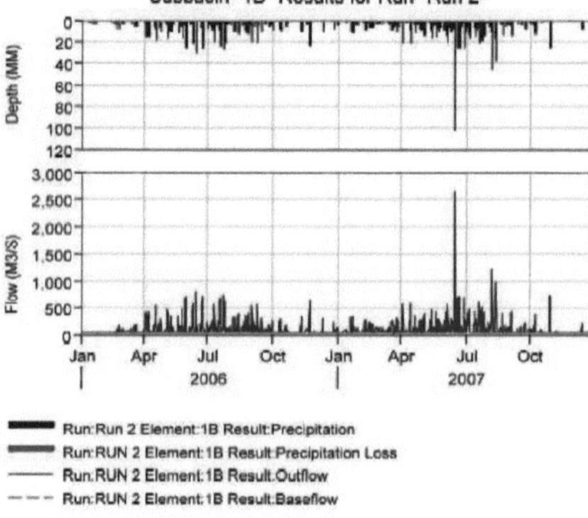

Figura: Profundidade de precipitação Vs de fluxo para modelação de protuberâncias.

APÊNDICE-B

<u>Tabela Universal CN</u>

S.NO.	Hidrológico Condição	LandUse Descrição	NÚMERO DA CURVA	MEUS RESULTADOS
1	Pobre	Floresta, Montanhoso	66 - 79	35.290 (Lump) 40
2	Feira	Floresta, Montanhoso	48 - 63	53
3	Bom	Floresta, Montanhoso	30 - 48	56 60

Fonte: Tabela Universal CN (Análise Hidrológica e Desenho por R.H. McCUEN)

Notações:

Pobre: terra com cobertura vegetal inferior a 50%

Feira: terra com cobertura vegetal entre 50 a 75%

Bom: a terra com vegetação cobre mais de 75%.

APÊNDICE-C

<u>**Uma breve introdução sobre WMS e HEC-HMS**</u>

<u>**WMS (Watershed Modelling System)**</u>

O Sistema de Modelação de Bacias Hidrográficas foi desenvolvido pelo Laboratório de Investigação de Modelação Ambiental (EMRL) da Universidade Brighan Young, é um software flexível que pode ser utilizado com a maioria das fontes de dados de entrada GIS. Também suporta muitos modelos hidrológicos como HEC-1, NFF, TR20, Rational, MODRAT e HSPF (WMS, 2008). O WMS é um ambiente de modelação hidrológica abrangente, de base gráfica, concebido para tirar partido dos dados de bacias hidrográficas desenvolvidos ou armazenados em GIS.

WMS foi originalmente desenvolvido para delinear automaticamente os limites da bacia e sub-bacia hidrográfica com TINS, mas agora também pode processar dados em grelha e vectoriais para utilização da terra, tipo de solo, zona de chuvas e redes de trajectos de fluxo, a fim de desenvolver importantes parâmetros de modelização, tais como números de curvas, parâmetros de infiltração e tempos de percurso da água, ou seja, tempo de atraso e tempo de concentração.

DEM: Um modelo de elevação digital (DEM) é uma representação digital da topografia de superfície do solo ou terreno. É também amplamente conhecido como um modelo digital do terreno (DTM). Um DEM pode ser representado como um raster (uma grelha de quadrados) ou como uma rede triangular irregular. Os DEM são normalmente construídos utilizando técnicas de detecção remota, mas também podem ser construídos a partir de levantamentos topográficos do terreno. Os DEM são frequentemente utilizados em sistemas de informação geográfica, e são a base mais comum para mapas em relevo produzidos digitalmente. Neste estudo obtivemos dados de elevação digital (DEM) da bacia hidrográfica da bacia de Ranganadi a partir do site da Missão

66

Topográfica do Radar Shuttle (SRTM).

TOPAZ: TOPAZ (Topographic Parameterization) é uma ferramenta digital automática de análise da paisagem para avaliação topográfica, identificação de drenagem, segmentação de bacias hidrográficas e parametrização de sub bacias hidrográficas. As operações analíticas realizadas pela TOPAZ atingem três amplas funções:

1. Pré-processamento de dados de elevação (tratamento de depressões e áreas planas);

2. Segmentação hidrográfica (definição de drenagem superficial, rede de canais, e sub bacias hidrográficas);

3. Parametrização topográfica, que inclui a quantificação das propriedades e parâmetros da rede e da sub-bacia hidrográfica.

O software HEC-HMS

O Sistema de Modelação Hidrológica, HEC-HMS foi desenvolvido para simular os processos de escoamento pluviométrico em sistemas de bacias hidrográficas que têm múltiplos ramos. O software HEC-HMS pode ser aplicado na resolução de uma vasta gama de problemas como o abastecimento de água de grandes bacias hidrográficas, hidrologia de cheias, escoamento urbano ou natural de bacias hidrográficas, disponibilidade de água, drenagem urbana, previsão de escoamento, impacto de urbanização futura, concepção de vertedouros de reservatórios, redução de danos causados por cheias, regulação de planícies de inundação, e operação de sistemas. O HEC-HMS usa algoritmos usados em HEC-1 (HEC, 1998), HEC-1F (HEC, 1989), PRECIP (HEC, 1989), e HEC- IFH (HEC, 1992) em conjunto com novos algoritmos para formar uma biblioteca abrangente de rotinas de simulação. Quando um modelo matemático é utilizado para optimizar os parâmetros de perda da taxa de pluviosidade a partir dos dados de pluviosidade observados, é importante que o hidrográfico observado e o hidrográfico gerado pela utilização do ensaio de optimização sejam tão idênticos quanto possível. Uma função objectiva é uma ferramenta matemática para medir a bondade do ajuste entre o hidrográfico observado e o hidrográfico gerado. As funções objectivas disponíveis no software HEC-HMS são o quadrado médio ponderado do pico da raiz, percentagem de erro no pico do fluxo, percentagem de erro no volume, soma dos resíduos absolutos, soma dos resíduos quadráticos e erros ponderados pelo tempo. O software HEC-HMS contém dois algoritmos de pesquisa, nomeadamente o método univariado e o método Nelder e Mead (1965) para encontrar o valor mais baixo da função objectivo e os valores óptimos dos parâmetros. O método de gradiente univariado calcula e ajusta um parâmetro de cada vez enquanto bloqueia os outros parâmetros. Em alternativa, o método Nelder e Mead avalia todos os parâmetros simultaneamente e determina qual o parâmetro a ajustar. Os algoritmos de pesquisa são também conhecidos como métodos de optimização.

Os algoritmos de pesquisa utilizados para obter o valor mínimo para uma função objectiva podem por vezes iludir o modelador ao fornecer um conjunto de valores de parâmetros de solução, mas o valor da função objectiva pode não ser o valor mínimo possível. Um conjunto de solução com um valor inferior da função objectivo poderia estar disponível no espaço de solução. Uma solução mínima global pode ser definida como a solução com o valor mais baixo da função objectivo no espaço de solução, enquanto uma solução mínima local pode ser definida como uma solução com valores da função objectivo inferiores aos do espaço circundante. Uma solução local mínima pode possivelmente ocorrer se os valores das sementes estiverem nas proximidades da solução local mínima, ou se a inclinação para o mínimo local for maior do que a que aponta para o mínimo global.

Printed by Books on Demand GmbH, Norderstedt / Germany